TRAITÉ

D'AGRICULTURE

PAR P. BOISEAU

AGRICULTEUR A SAINT-MALO (Nièvre)

Prix : 4 francs

COSNE
Imprimerie et Lithographie H. BOURRA, Place d'Armes

1887

TRAITÉ

D'AGRICULTURE

PAR P. BOISEAU

AGRICULTEUR A SAINT-MALO (Nièvre)

COSNE

Imprimerie et Lithographie H. BOURRA, Place d'Armes

1887

INTRODUCTION

Pour bien faire comprendre à mes souscripteurs l'expérience que j'ai acquise en agriculture, je crois devoir leur donner, en tête de l'ouvrage que je leur offre quelques explications sur mon passé.

TRAITÉ D'AGRICULTURE

Par P. BOISEAU, né le 13 Septembre 1809

à Saint-Mâlo (Nièvre)

TRAITÉ

D'AGRICULTURE

§ 1er. — CULTURE

Je me rappelle avoir vu les alliés au domaine des Dubois, commune de Cessy-les-Bois, canton de Donzy, en 1814. Mon père allait au domaine La Vendôme, commune d'Arbourses, canton de Prémery. On me mit dans ce domaine pour garder les porcs. En hiver je n'allais en classe que le matin seulement. Il en fut ainsi pendant deux ans.

Au mois d'avril 1822, un jour que je me rendais en classe, je trouvai, sur mon chemin, mon frère et un domestique occupés à labourer. Comme ils ne savaient semer ni l'un ni l'autre, je m'offris à faire cette besogne à leur place ; je mis de l'orge dans le semoir et je semai tant bien que mal. « Puisque tu sèmes bien, me dit

mon père, en rentrant le soir, tu iras à la charrue. » Le lendemain matin, j'y allai avec le domestique et je semai pendant que ce dernier her-
sait. Je remarquai qu'il ne cachait pas l'orge.
Aussitôt rentré à la maison, j'en fis la remarque
à mon père, prétendant que l'orge non caché ne
pouvait prendre racine.

Aujourd'hui, il y a encore beaucoup de culti-
vateurs qui ne connaissent pas le hersage. C'est
ce qu'il y a de meilleur.

J'ai continué, jusqu'en 1824, d'aller à la charrue et de garder les bœufs dans les bois et dans
les prés. A cette époque nous laissâmes affermer
le domaine et nous rentrâmes dans notre bien.
En 1826, nous allions comme métayers au domaine de Cessy-les-Bois. J'étais toujours à la
suite des bœufs ou des chevaux. Nous travaillâmes beaucoup pendant deux ans ; au bout de
ce temps je m'adonnai tout-à-fait à l'agriculture.
Je travaillai d'abord dans un champ de 5 hectares. Je labourai bien plus profondément qu'à
l'ordinaire et je renouvelai le labour en suivant
une direction oblique (fig. 1); je roulai, puis hersai
avec une herse
en fer que nous
avions fait faire
Dans ce temps
là on ne con-
naissait pas les
herses en fer,

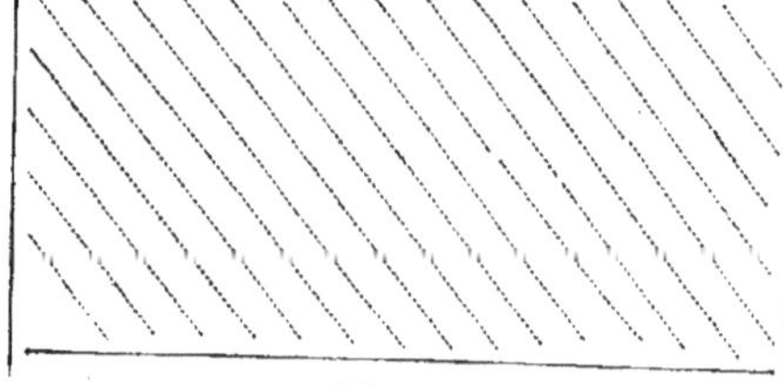

Fig. 1.

Le blé semé au 20 septembre fut le plus beau de tout le pays.

Au mois de mars suivant, j'étais occupé dans un jardin du château de Cessy. Les dames vinrent m'y trouver avec un M. Roussel, marchand de bois, et me dirent qu'il fallait semer le grain bien clair (la récolte ne valait jamais rien parce qu'elle versait toujours avant que le grain ne fût mûr) ; de plus, elles me firent observer que, dans la Beauce, pays du monsieur qui les accompagnait, on procédait ainsi et que les récoltes étaient très bonnes. Je répondis que je savais bien semer les terres selon leur force ; que celles qui sont à moitié ensemencées ne peuvent pas rapporter beaucoup, et j'emblavai le champ selon mon système, c'est-à-dire en y mettant une grande quantité de blé. J'eus une récolte comme on n'en avait jamais vu de pareille au même endroit. Je cultivai ensuite des lentilles. Je mis un double de lentilles le long d'une haie, dans un champ arrosé par l'eau qui descendait des amendements par deux chemins. Les lentilles s'élevèrent dans la haie à deux mètres de hauteur ; les gens qui les ont vues vivent encore.

En 1831, mon frère et moi, nous fîmes une ferme au Beauchot au compte de notre père. Cette ferme était de la contenance de cinquante hectares répartis de la manière suivante : 30 hectares de terres labourables, 10 hectares de prés et 10 hectares de broussailles qui servaient au pacage

de bestiaux. Nous payions ce domaine cent doubles décalitres de blé, cent d'orge et quinze d'a-
voine. Tous ceux que nous rencontrions nous disaient : « Mes pauvres garçons, comment ferez-
vous pour payer votre ferme ? les métayers n'ont
jamais rien pu faire dans ce domaine. Ceux qui
viennent d'en sortir, après avoir remis les semences n'ont eu de reste que 4 doubles décalitres
de blé à partager avec le propriétaire. » Nous
travaillâmes avec courage et à la fin de la première année, tous nos frais payés, il nous restait
de quoi payer notre maître.

Au mois de février 1832, nous avons commen-
cé à défricher les broussailles dont j'ai parlé
plus haut, nous avons extirpé les souches et les
racines, labouré, hersé, drainé les endroits humides avant de les emblaver ; c'est là que j'ai
compris pour la première fois la valeur de la
marne.

La première récolte que nous fîmes dans ce
domaine fut très considérable : nous eûmes 900
doubles décalitres de blé, 500 d'orge et 800 d'a-
voine.

En 1836, je me fixai à Saint-Mâlo et j'y achetai 10 hectares de mauvais bois contenant du
minerai de fer que je fis exploiter. Les bois ayant
été défrichés sont aujourd'hui en bonne culture.

**Toujours bien labourer, ameublir la terre avant
de la marner, et bien la fumer.**

En 1845, la commune de Saint-Mâlo vendit une partie de ses chaumes communales ; j'en achetai 2 hectares ; je les transformai complètement par la marne et le drainage. Aujourd'hui la mauvaise terre est en bon pré.

En 1848, je fis construire une maison avec grange et écurie. On y mit des chéneaux qui par leur communication avec des tuyaux font descendre l'eau dans des fossés de 1 mètre de profondeur et d'une longueur assez grande ; ces fossés sont remplis de pierres qui purifient l'eau et la rendent aussi bonne que celle des fontaines. De cette manière nous n'avons jamais manqué d'eau pour abreuver, pendant l'hiver, une vingtaine d'animaux qu'il fallait auparavant mener boire à 3 kilomètres.

En 1850, s'est vendu le domaine du Beauchot où j'avais été fermier. J'ai acheté 10 hectares de terre et 6 hectares de bois que j'ai fait défricher et où j'ai trouvé un minerai meilleur que celui que j'ai vendu à M. Ferrand. Ce dernier, prétendant que je lui faisais tort pour lo sien à cause de l'eau, je m'engageai à la conduire à mes frais dans son minerai. Un géomètre me traça un fossé de 400 mètres de long, 3 mètres de profondeur et 6 mètres de large au milieu, à 0 aux deux bouts, avec l'aide de 30 hommes et de 6 bons bœufs attelés à une forte charrue. Le travail fut entièrement terminé au bout de 4 jours. Au dernier tour de charrue, l'eau suivait à grand train. En 1856, j'avais de mauvais prés ne rapportant chaque année que 500 à 600 bottes de mauvais foin ; grâce aux soins que je leur ai donnés pour les transformer, ils produisent aujourd'hui 2000 bottes de bon foin. C'est alors que j'affermai mon bien. Je montrai la culture à mon fermier avec lequel je restai deux années. Comme il n'y avait pas assez d'ouvrage pour m'occuper, je louai un domaine de 74 hectares de terres, près de la commune de Dampierre-sous-Bouhy, canton de Saint-Amand-en-Puisaye.

Il y avait dans ce domaine 10 hectares de mauvaises terres d'où l'on tirait de la pierre à chaux.

Pendant 3 ans, je les labourai à terre redoublée, sans fumer.

La 1ʳᵉ année :

La première façon me coûta. . .	300 fr.
La seconde — — . . .	200
La troisième — — . . .	120

La 2ᵉ année :

La première façon me coûta. . .	220
La deuxième — — . . .	160
La troisième — — . . .	150

La 3ᵉ année :

La première façon me coûta. . .	200
La deuxième — — . . .	180
La troisième — — . . .	160
100 doubles décalitres de blé. . .	400
Dépense totale pour les 3 ans . .	2,090 fr.

Cette terre me rapporta 2,860 fr.

Tous fermiers ou propriétaires qui ont de mauvaises terres, de quelque nature qu'elles soient, peuvent les améliorer.

Plus les terres chôment, plus elles se détériorent, les mauvaises herbes les rongent.

En 1861, la commune de Saint-Mâlo afferma 70 hectares de ses chaumes communales ; j'en affermai 8 hectares à raison de 10 fr. l'un. Des mares répandaient de l'eau dans toute la pièce ; je labourai deux fois à terre redoublée, j'assainis à ciel découvert, je marnai et fumai ces terres qui me rapportèrent de 10 à 12 doubles décalitres de blé et de 15 à 16 doubles décalitres d'avoine par 10 ares.

Il y a cinq ans, je les ai louées à raison de 100 fr. et de 150 fr. l'hectare. Depuis ce temps je me suis occupé dans mon bien, cherchant à mieux faire de jour en jour.

CULTURE DES TERRES

Manière de labourer les mauvaises terres

On commence toujours dans le milieu de la pièce. Dans les terres marécageuses, il faut redoubler trois fois la terre ; prenez garde de combler les raies. Aussitôt que la terre est emblavée, hersez, roulez et nettoyez les raies avec la charrue.

Le champ doit être divisé de 7 mètres en 7 mètres dans le sens de la longueur. On fait d'abord aller la charrue au milieu de chaque partie (fig. 2) en relevant la la terre de chaque côté. De la première partie on passe à la seconde, de la seconde à la troisième, etc., en ayant soin de labourer dans la direction de l'eau à une profondeur de 35 à 30 centimètres.

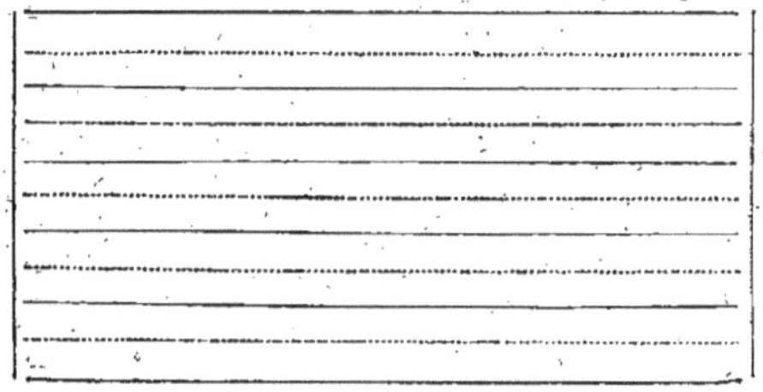

Fig. 2.

Toute mauvaise terre peut être améliorée en la redoublant, ce qu'il est facile de faire dans les départements du Loiret, du Cher, de l'Indre, dans une partie de la Normandie, de l'Yonne, de la Côte-d'Or, de la Nièvre, de Saône-et-Loire, de l'Allier et de bien d'autres que j'ai parcourus.

Mais si votre terre est humide il faut commencer par l'assainir en creusant des sillons de trois mètres de large avec des drainages à ciel découvert ; redoublez la terre, comme je l'ai dit plus haut, et labourez assez profond pour donner la pente afin que l'eau s'écoule. Dans le cas où l'eau resterait dans les raies, il n'y aurait pas un grand inconvénient, la terre se trouvant au-dessus de l'eau. Quant à celle qui retombe dans l'eau des raies, elle forme une vase que le soleil fait fermenter et transforme en un terreau qui, relevé de chaque côté sur les grandes raies, produit un assez bon effet. Si les récoltes brûlent, c'est que la terre n'ayant pas assez de fond manque de force pour résister à l'ardeur du soleil.

Les propriétaires et agriculteurs comprendront facilement qu'il est aisé de rendre fertiles, en prenant les précautions indiquées, les mauvaises terres arables de la Sologne et du Gâtinais. On commence les endos de 14 mètres de large. Les endos faits, les sillons se trouvent réduits à 12 mètres. La terre perd 1/7 en grandeur, mais elle gagne le double en récolte : une terre qui rapporte en grain de 4 à 5 au plus pour un, rapporte ainsi 10 et 12 en bon grain qui ne brûle pas, attendu que la terre a plus de force qu'elle n'en avait. C'est un ouvrage bien facile à faire, le tout se fait à la charrue avec peu de frais.

On endosse trois fois dans le milieu des sillons comme je l'ai marqué plus haut. Le drainage fait comme je l'explique plus bas en parlant des prairies n'empêche pas de sortir facilement les récoltes du champ : on tourne autour. On fait des petites raies au bout des grandes pour que l'eau descende. Les drains bien faits à ciel découvert perdent un septième ; les sillons se trouvent rechargés de cent mètres cubes de terre par 10 ares ; j'ai fait l'essai de combler les raies ; il m'a fallu cent mètres cubes de terre.

En 1868, je fis, avec un autre expert, les esti-
mations des domaines de M. Brunier, de Bour-
ras. Pour affermer ses domaines, M. Brunier
avait fait défricher un bois de la contenance de
10 hectares. Il y avait déjà une année qu'il culti-
vait la terre et ne semait rien ; il me proposa
d'affermer sa pièce de terre ; comme je voyais la
terre bien préparée, je l'affermai moyennant la
somme de 120 fr. l'hectare, à la condition que
M. Brunier me fournirait pour 1,000 fr. de
guano ; je marnai, je chaulai le reste de la terre
qui n'avait pas eu de guano. La même année,
c'est-à-dire en 1868, les blés n'étaient pas bons.
Je récoltai dans mes dix hectares 1876 doubles
décalitres de blé. L'année suivante je récoltai
1600 doubles décalitres d'orge. Je sème ensuite
deux hectares en luzerne et huit hectares en trèfle. En 1870, je plâtre au mois d'avril ; le trèfle
était magnifique ; malheureusement la sécheresse se prend et mon trèfle reste tel qu'il était ;
il m'a fallu le faire manger aux bestiaux.

Voici le champ ci-dessous : (fig. 3.)

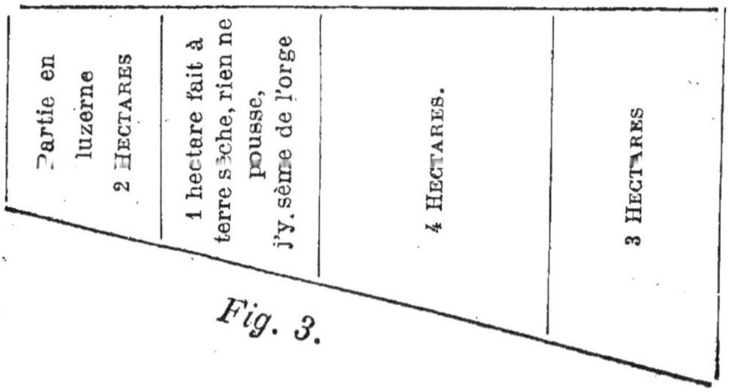

Fig. 3.

Le trèfle mangé, je commençai à labourer le premier hectare le 20 septembre. Pendant deux jours je m'absente, le terrain sèche et je ne le sème pas. Je laboure ensuite une parcelle de quatre hectares, je sème tous les jours, je herse, je roule. Il en restait encore trois hectares que je ne semai pas de suite ; les ayant hersé et roulé je les ameublis de mon mieux et je les semai en blé comme les précédents. Je ne les roulai pas ; mon blé leva très bien et était superbe. Tous ceux qui le voyaient disaient : « le beau blé. » La terre trempée, je semai le premier hectare en terre sèche sans rouler. Mon blé s'est tout perdu ; il m'a fallu semer de l'orge à la place. On sait qu'au mois de décembre 1868, les blés ont tous gelés. Mes trois hectares non roulés ont complètement gelé. Dans mes quatre hectares bien roulés j'ai récolté 550 doubles décalitres de bon blé. Tous les fermiers des environs venaient m'en acheter pour en faire de la semence. Quant aux trois hectares qui ont gelé je n'y ai point semé d'orge, car je pensais toujours que mon blé se retrouverait. Je n'ai récolté que 25 doubles de mauvais blé ; depuis 1829 je connaissais le roulage des blés.

La même année, M. Brunier m'a donné soixante-dix ares de chaume de la commune qu'il avait affermés en 1861. Lorsqu'il fallut réaffermer en 1870, il réafferma tous les lots qu'il avait eus précédemment, à l'exception d'un seul dont personne ne voulait et qu'il me donna. Cette parcelle était si bien lavée par les eaux qui descendaient des bois qu'il n'y avait presque plus de terre. Cette parcelle je la marnai et la mis en avoine. Elle ne me rapporta rien. Je lui donnai ses façons, je la mis en blé, j'en semai 8 doubles et j'en récoltai 16, mais il était brûlé par le soleil. Ce blé récolté, j'attelai huit bœufs et deux juments à une forte charrue, j'arrachai de 20 à 30 mètres cubes de cailloux que j'enlevai du champ, j'endossai trois fois sur les mêmes endos, je hersai bien, je roulai et je semai du seigle. J'en récoltai 180 doubles. Je redonnai à la terre ses façons sur les mêmes endos, à ciel découvert ; elle me rapporta 150 doubles de bon blé. Je la remis en avoine, elle m'en rapporta 200 doubles. Ensemencée ensuite en trèfle et raygrass, elle me rapporta, dans les deux coupes de 1879, 10,000 kilog. de foin. La même année j'affermai ces soixante-dix ares 110 fr.

C'est de toutes les manières de cultiver la meilleure et la plus avantageuse que j'ai trouvée en faisant mes essais. Si les grains brûlent, c'est parce que la terre n'a pas assez de fond pour les nourrir. Dans tous les pays, il se trouve des terrains dans lesquels les grains ont une tendance à brûler. Il est facile de les en empêcher en labourant assez profond à ciel découvert, en entassant la terre sur les endos, comme je l'indique, et en ne comblant pas les raies une fois qu'elles sont faites.

Voici (fig. 4) un champ de terre calcaire pierreuse :

Culture redoublée

4 5 6	6 5 4	4 5 6	6 5 4	4 5 6	6 5 4

Fig. 4.

A la première façon vous endossez dans le milieu sur les points indiqués. Endossez trois fois pour que la terre soit partout redoublée. Une terre de 10 à 15 centimètres de profondeur lorsqu'elle est redoublée acquiert une profondeur de 25 à 30 centimètres. Il est facile de comprendre qu'en opérant ainsi la terre a deux fois plus de fond et dès lors deux fois plus de force qu'elle n'en avait auparavant.

Les fermiers et les propriétaires qui ont de grandes étendues de terre pourraient labourer tous les deux ans 5 ou 6 hectares de terre. Il ne leur en coûterait que leur travail et leur peine et ils pourraient être certains de récolter du grain, de la paille, de la luzerne, du trèfle, du sainfoin, des pommes de terre, des haricots, des petits pois et des lentilles dans des terrains qui ne rapportaient rien ou presque rien auparavant. En France, il existe aujourd'hui de grandes quantités de terres qui ne rapportent rien, faute de culture, notamment dans les départements de la Nièvre, de la Côte-d'Or, de Saône-et-Loire, de l'Allier, de l'Indre, du Loiret, de l'Yonne, qui laissent pousser dans certaines parties des genêts pendant quatre ou cinq ans. Au bout de ce temps, on les coupe, on les fait brûler, et on se figure **par** là amender la terre. Il n'en est rien. Les racines qui restent en terre l'amaigrissent et la **détériorent**. Si au lieu d'agir ainsi on prenait la peine de labourer profondément ces terres qui sont presque toutes des terres légères, sablonneuses, et où il se trouve assez épais de terre pour la relever sur les endos, on récolterait quatre fois plus qu'on ne récolte, à la condition toutefois d'y mettre du fumier.

DU BLÉ

Pour faire du blé sombrez votre terre aux mois d'avril et de mai au plus tard, c'est l'époque la plus favorable. La terre ainsi préparée a le temps de s'ameublir et n'a rien à redouter des vers, ni des limaces, de plus, les mauvaises herbes ont tout le temps de se consommer. Le sombre se pratique comme suit :

La terre labourée doit être hersée et roulée le

même jour, s'il y avait des mauvaises herbes et des mottes, il faudrait préalablement autant que possible employer l'extirpateur et le casse-motte.

Quand on veut emblaver, il faut recommencer la même opération. Ce travail est nécessaire dans toutes les terres que l'on veut mettre en blé.

De l'Orge et de l'Avoine

Aussitôt votre blé récolté, labourez, hersez et roulez la terre.

Puis, à la fin d'octobre, quand les blés sont faits, on tierce cette terre, à moins que les gelées ne vous en empêchent ; les trois quarts des agriculteurs ne connaissent pas le tierçage, c'est la meilleure façon qu'on puisse donner à la terre qu'on veut mettre en orge et en avoine.

Voici comment se fait le tierçage :

L'animal qui habituellement suit la raie cède la place à son compagnon de labour, de sorte que celui de droite est toujours sur la terre non labourée et celui de gauche dans la raie ; il arrive alors qu'on rejette la terre à grosse raie sur le champ en labourant profondément.

Au moment de semer, il faut donner un bon coup d'herse en travers pour niveler la terre.

On peut faire avec avantage la même opération pour le blé, c'est-à-dire qu'au lieu de biner on tierce,

De la Marne

Les terres froides doivent être réchauffées et ameublies si on veut qu'elles rapportent. Fumez tout d'abord et arrachez les mauvaises herbes, surtout si vos terres sont légères et argileuses.

Nous avons tous des terres à bonifier ; il y a de la marne presque [partout sous notre main ; malheureusement nous n'en connaissons point la valeur et nos terres ne nous donnent rien par notre faute.

Agriculteurs, mes amis, soyez convaincus que le jour où nous marnerons nos terres comme il faut, nous récolterons plus de grains qu'il ne nous en faut : nous en fournirons à l'étranger ; je le dis, à notre honte, dans ce siècle de tous les progrès, l'agriculture n'est pas en avance dans notre beau et riche pays de France.

FUMIER

Préparation, Conservation, Augmentation de sa quantité et de sa qualité.

Choisissez, pour mettre votre fumier, une place saine et à l'ombre autant que possible. Entourez-le d'un mur ou d'une haie sèche que vous tapisserez de paille. Creusez tout autour un petit fossé pour qu'il ne soit point lavé par les pluies. Vous recueillerez le purin dans un petit trou et vous en arroserez la motte de temps en temps avec une pelle à bateau ou une pompe.

Aussitôt que vos animaux sont à l'écurie faites-leur une bonne litière et ne les nettoyez que deux fois par semaine.

Lorsque vous sortez le fumier, mettez-le en petits tas sur la motte ; laissez-le ainsi fermenter dix à douze jours avant de l'écarter.

A la fin de mars, tournez la motte sans dessus dessous et, s'il vous reste beaucoup de paille, mettez-en dessus cinquante centimètres d'épaisseur si c'est possible ; couvrez avec tout le fumier de vos écuries ; la fermentation se produit promptement ; recommencez la même opération à la fin d'avril ; quinze jours après, vous avez un fumier parfaitement consommé et vous pouvez l'enlever.

Combien de fermiers et de propriétaires, faute d'avoir ces connaissances, ne conduisent dans leurs terres que des fumiers à moitié consommés ; de là, une perte considérable qu'il serait si facile à eux d'éviter.

Voulez-vous augmenter votre motte ? Ecoutez ce qu'il faut faire : A l'époque des battages vos cours sont remplies de balles et de pailles souvent mouillées par les pluies qui vous empêchent de les rentrer ; recueillez soigneusement tous ces détritus et jettez-les sur votre fumier. C'est de la graisse que le bon Dieu vous envoie. Si le temps est sec, arrosez vous-même, remuez au bout de huit jours, puis laissez reposer huit jours ; remuez de nouveau et, au bout d'un mois, vous avez, sans peine et sans frais, une belle motte de fumier.

Dans les pays de genêts, vous pouvez les employer avec avantage à fabriquer d'excellent fumier. Pour cela, il suffit de les couper lorsqu'ils sont en fleurs et de les mettre sous les bestiaux ; entre temps, vous remuez votre motte de fumier que vous couvrez d'une bonne épaisseur de genêts, attendez sept à huit jours. Au bout de ce temps, nettoyez toutes vos écuries et écartez le fumier sur votre motte ; recouvrez de nouveau avec des genêts et laissez-le encore sept à huit jours à la fin desquels vous recouvrez le tout avec le fumier de vos écuries. Continuez ainsi tant que les genêts seront en fleurs. Vous obtiendrez beaucoup de bon fumier.

On peut aussi y joindre toutes sortes de mauvaises herbes qui en augmenteront le volume.

Procédé contre la dégénérescence des graines de toutes sortes. — Triage des semences.

Vous voulez vous procurer du bon blé de semence ? faites ce que je vais dire. Vous en userez de même pour l'orge.

Vos blés étant mûrs et bons à couper, choisissez le meilleur de vos champs et les plus beaux épis. Prenez la peine et le temps d'en enlever la tête et trois ou quatre mailles au-dessous à chaque épi.

Cette opération achevée, vous pouvez couper de suite; laissez javeler si le temps le permet, sinon liez et mettez en moyettes de sept gerbes, six debout, l'épi en haut, et la septième en cape sur les autres, l'épi en bas. Cette opération réussit très facilement avec une corde de 3 à 4 mètres de long munie à un bout d'un anneau de fer.

Avec cette corde, serrez les six gerbes au-dessous des épis, couvrez-les avec la septième que vous attachez en deux endroits avec des liens.

Vous pouvez alors enlever votre corde, tout se tient.

Il y a bien des manières de mettre les gerbes en tas et presque toutes sont mauvaises : viennent les pluies et les vents, tout est perdu ou sérieusement avarié.

Employez mon procédé et vous ne craindrez ni la pluie ni les vents.

Laissez mûrir quelques jours, enlevez et battez, vous avez un grain beau et bien nourri. Lorsque vous aurez essayé de ce moyen, vous le trouverez si facile que vous n'achèterez plus de blé à semence.

De l'Avoine

Enlevez trois ou quatre branches au bas de l'épi et laissez tout le haut parce que la dégéné-

rescênce se produit toujours au bas de la tige :
récoltez comme le blé et l'orge.

Du Sarrazin

De toutes les graines, celle de sarrazin est
peut-être celle qui dégénère le plus vite.

Quand la plante met en fleur, ôtez toutes les
tiges du faîte et ne laissez que celles du bas qui
vous donneront de la bonne semence.

Des Vesces

Semez à raies comme des petits pois et ramez-
les.

Aussitôt que la plante met en grains, enlevez
la tête, votre graine sera parfaite.

Du Chanvre et du Lin

On traite le chanvre et le lin comme l'avoine.

De la Luzerne et du Trèfle

Faites manger en herbe votre première coupe
dans le mois de mai; vous laisserez mûrir la
deuxième coupe qui vous donnera une graine
de première qualité.

De la Betterave et de la Carotte

Choisissez, au moment de la récolte, les plus
belles racines de betterave et de carotte.

Prenez soin qu'elles ne se gâtent pas pendant l'hiver.

Aussitôt les froids passés, replantez en bonne terre ; si vous craignez encore les gelées, entourez chaque pied d'un peu de glui que vous fixez autour d'un pieu.

Lorsque la plante a 7 ou 8 centimètres de haut, ébourgeonnez et ne laissez à chaque pied que deux à trois branches ; fixez-les avec soin au pieu.

Aussitôt que la graine est mûre, récoltez.

Traitez de la même façon les choux-raves, cabus, colzas, navets de toute espèce et même la salade.

Lorsque la plante commence à mettre en grains, enlevez toutes les branches qui sont trop tardives, lesquelles vous donneraient des graines mal nourries et par conséquent impropres à la reproduction.

Des petits Pois

Quant aux petits pois, c'est une autre affaire.

Vous avez sans doute remarqué que la tige fleurit en bas longtemps avant qu'elle n'ait pris toute sa croissance.

Les fruits du bas sont donc beaucoup plus précoces que ceux du haut et par conséquent mieux nourris ; gardez-les pour votre semence, vous aurez de beaux grains qui vous donneront de beaux fruits.

Des Haricots et des Lentilles

Voulez-vous avoir de la belle semence de haricots et de lentilles ? Après votre récolte, choisissez à la main les plus beaux grains, je ne connais pas d'autre moyen.

Méthode expéditive pour battre les grains de sainfoin, colza, trèfle, luzerne, lentilles, pois, haricots, etc., sans appareil spécial.

S'il s'agit de battre du sainfoin, du colza, du trèfle ou de la luzerne, amenez votre récolte dans la grange dont vous avez préalablement nettoyé l'aire et l'échaffaud.

Un homme monte sur la voiture, fournit le sainfoin, etc., à deux autres hommes qui, avec des fourches, le battent sur l'échaffaud ; un quatrième homme met lestement la paille en place. Il n'y a plus qu'à vanner la graine, ce qui, est vite fait.

J'ai fait battre par ce procédé 100 doubles décalitres de sainfoin par jour.

Pour battre les lentilles, pois, haricots, conduisez un tombereau dans votre champ. Faites-y monter un homme chaussé de deux bons sabots et armé d'un gourdin.

S'il est un peu actif, avec ses pieds et son bâton, il suffira largement à battre tout le grain que lui fournira l'ouvrier le plus agile.

Méthode de fenaison. — Conservation des fourrages

Fanez votre foin aussitôt qu'il est fauché et mettez-le en tas le soir même, parce que la rosée pourrait le faire blanchir.

Rentrez aussitôt qu'il est sec. S'il venait à être surpris par la pluie, ne le laissez pas trop long-temps en tas, il aurait vite fait de s'échauffer, de jaunir et de prendre mauvais goût. Il vaut mieux, en ce cas, le laisser étendu sur le pré.

Traité de cette façon, il ne gagne pas il est vrai en qualité, mais il ne peut prendre de mauvais goût, ce qui est beaucoup.

Lorsque vous le rentrerez, mettez un lit de foin, un lit de sel, vous aurez encore un fourrage appétissant.

Paille. — Sa Conservation

Pour que les pailles d'orge et d'avoine soient bonnes et fassent du profit, il ne faut pas qu'elles mouillent. Rentrez donc les orges et les avoines aussi promptement que possible : vous aurez de la bonne paille.

Si votre orge vient à recevoir la pluie, il faut avoir soin de le tourner pour que la paille ne prenne pas de mauvais goût.

Il n'en est pas de même de la paille de blé qui ne serait point avariée parce qu'elle aurait reçu quelques pluies.

PUITS

**Moyen pour avoir de l'eau excellente en tous lieux
par le drainage.**

Recueillez l'eau des échenets et conduisez-la à votre puits par des fossés détournés aussi loin que possible dans vos cours, et profonds de un mètre et demi au moins. Ces drains sont remplis de pierres et de sable; vous les couvrez de mousse pour empêcher la terre de les combler. Voir la figure ci-dessous :

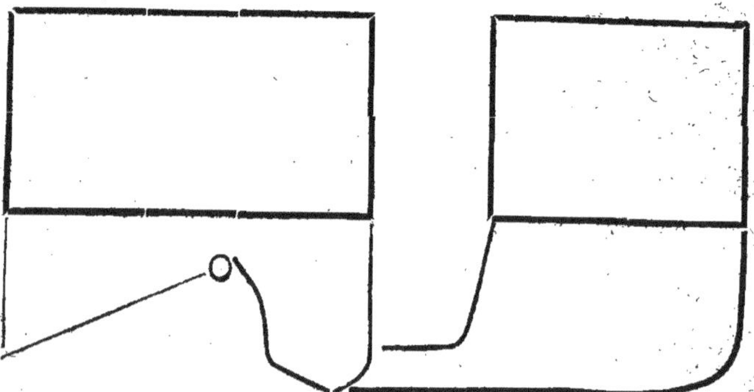

Si vos fossés ont la pente nécessaire et la longueur voulue, l'eau s'aère en se filtrant dans les drains et elle acquiert en arrivant dans votre puits toute la qualité des eaux de fontaine.

Il y a en France bien des pays privés de source, chacun a sa citerne et presque toujours de la mauvaise eau parce qu'elle n'est pas aérée et filtrée.

Employez mon procédé, et si votre puits a

seulement 6 à 7 mètres de profondeur, il suffira largement à l'entretien de la maison et de vingt pièces d'animaux.

Tout l'hiver vous les abreuverez à l'écurie ou dans la cour au lieu de les conduire boire dans les mares et rivières une eau toujours glacée et trop souvent malsaine ; vous éviterez ainsi une perte sérieuse de fumier au bout de l'année, ce qui n'est point à dédaigner pour l'agriculteur. Si un puits ne suffit pas, faites-en deux, ce n'est pas un ouvrage bien coûteux. Au premier orage vos puits se rempliront et vous aurez de la bonne eau, l'été comme l'hiver, sur les hauteurs comme dans les fonds.

PRAIRIES PERMANENTES

Préparation du sol. — Drainage à ciel découvert. — De l'Irrigation.

Tous les prés, quelle que soit la nature du sol, sont susceptibles d'amélioration.

Ce qui, en général, leur est le plus nuisible, ce sont les eaux stagnantes qui arrêtent la végétation. Dans les prés humides, l'herbe a toujours moins de qualité, souvent même elle est tellement amère que les animaux la mangent avec dégoût quand ils ne la laissent pas.

Préparation du Sol

Si le sol de votre pré est tourbeux, labourez-le à terre redoublée quatre à cinq fois; drainez-le à ciel découvert, ainsi que je vais vous dire tout-à-l'heure, mais toujours dans le sens où l'eau peut s'écouler; ameublissez, hersez et roulez. S'il y a des fondrières que vous ne puissiez assainir, profitez des grandes sécheresses pour les combler de pierres que vous couvrirez de bonne terre. Faites, si vous le pouvez, un compôst de terre, fumier, chaux et marne, le tout bien mélangé; remuez tous les trois mois. Laissez-le ainsi douze à quinze mois avant de l'écarter, vous aurez un engrais de première qualité dont vous couvrirez votre pré.

Si le terrain est argileux c'est bien plus facile de faire de bons prés. Mettez-les en embauches pendant plusieurs années, c'est un moyen infaillible de les graisser.

Il y a dans presque toutes les embauches des endroits qui ne sont jamais mangés parce que l'herbe est de mauvaise qualité. Dans ce cas, faites fondre dix kilos de sel par deux hectolitres d'eau; avec un arrosoir, répandez votre eau salée sur ces endroits mauvais. Vos animaux mangeront ces mauvaises herbes qu'ils finiront par déraciner ou faire périr. C'est ce qu'il faut. Vous semerez alors de la bonne graine de foin, après avoir assaini le terrain, s'il est trop humide.

Drainage à ciel découvert

L'assainissement d'un pré est bientôt fait.

Au lieu de creuser à grands frais des fossés qui mangent votre pré et trop souvent retiennent les eaux au lieu de les laisser écouler, prenez une charrue et creusez cinq raies ; vous ôtez entièrement la terre que vous emploierez utilement à combler les fonds. Donnez alors un second coup de charrue par le milieu ; ôtez encore la terre ; votre drainage est fait en pente douce et ne peut pas se reboucher. Semez des graines de bon foin ; avant deux ans vous aurez un pré parfaitement assaini et en bon rapport.

Avec quatre hommes vous pouvez faire 4 à 500 mètres de drainage par jour.

J'ai drainé pendant quarante ans avec du bois, des fagots, de la pierre et des tuyaux de terre cuite, en un mot, j'ai essayé les drains de toute espèce ; j'ai eu beau faire, tous les drains couverts se sont bouchés avec le temps ; j'ai fini par prendre le seul moyen pratique dont je viens de parler et qui consiste à drainer à ciel découvert.

De l'Irrigation

Ne mettez jamais l'eau sur vos prés l'hiver, à

moins que ce ne soit des eaux de cour ou de chemins, les autres sont trop froides.

Si vos prés sont froids par eux-mêmes, entourez-les d'un fossé pour empêcher les eaux d'y pénétrer. Quelquefois vos prés sont trop élevés pour recevoir les eaux des terres voisines, il faut en baisser le niveau ; pour cela, labourez une bonne piquée de bonne terre que vous mettez entièrement de côté, puis labourez-en deux autres piquées que vous transporterez ailleurs, vous remettrez votre première piquée à la place ; fumez, hersez, semez de bonnes graines de foin et roulez. Les eaux qui descendront des terres voisines vous permettront de faire promptement un bon pré.

J'ai beaucoup voyagé, et, dans tous les pays que j'ai parcourus, j'ai vu certainement des prés bien entretenus ; mais j'en ai vu beaucoup plus qui étaient en fort mauvais état.

Agriculteurs, sachez bien ceci, vos prés sont plus que jamais votre richesse, bonifiez-les, vous le pouvez toujours et bien souvent à peu de frais ; votre fortune dépend donc le plus souvent de votre bonne volonté et de votre savoir-faire.

Formules pour Semences

La moisson terminée, labourez la terre que vous voulez mettre en pré, hersez et roulez.

Donnez une seconde façon au mois de novembre ou décembre.

Au printemps vous tiercez, comme j'ai dit plus haut, et, quand vous avez donné un bon coup d'herse en travers, votre terre est prête.

Pour 10 hectares de terre il faut :

1° 20 kilos timothy à. . .	1 fr.	50	le kilo.
2° 20 — agrostis à. . .	1	10	—
3° 20 — paturin des prés à	2	»	—
4° 40 — trèfle blanc à. .	2	50	—
5° 50 — fleur odorante à.	1	25	—
6° 50 — corniche flexueuse	»	30	—
7° 50 — atite des prés à.	»	50	—
8° 50 — fétuque des prés à	»	50	—
9° 30 — houque laineuse à	»	30	—
10° 50 — ray-grass angl. à	»	80	—

Mettez en outre :

Vulpin, 2 kilos par hectare.

Avec cette donnée, il vous est facile d'établir une proportion suivant la quantité de terres que vous voulez semer.

Je vous conseille, en outre, de ne pas ménager la bonne graine de foin, si vous en avez.

PRAIRIES ARTIFICIELLES

Luzerne, Trèfle, Minette, etc.

Quand vos orges et vos avoines sont levées, vous pouvez à la rigueur semer vos graines, mais ne vous avisez pas de herser comme cela se fait généralement, vous perdriez vos récoltes. Faites un bon fagot d'épines qui remplacera avantageusement votre herse ; mais si vous voulez m'en croire, attendez de préférence le mois de juin, cette époque est plus favorable, voici pourquoi :

L'avoine et l'orge sont alors assez hautes pour maintenir sur le sol assez de fraîcheur pour faire lever vos graines.

C'est un essai que j'ai fait pour la première fois en 1822, et, depuis ce temps, ce procédé m'a toujours bien réussi.

Destruction des Pucerons

Pour détruire les pucerons, semez de la cendre tiède sur les plantes infectées.

Destruction des Charançons

Il y a deux moyens faciles de détruire les charançons :

Le premier consiste à frotter énergiquement le carrelage ou le plancher de votre grenier avec de l'oignon.

Les charançons craignent cette odeur et s'empressent de disparaître.

Le deuxième moyen consiste à apporter une fourmilière dans votre grenier, et cela est très facile à faire : cherchez une fourmilière, mettez-la dans un sac et versez-la dans un coin de votre grenier. Remuez votre blé de temps en temps, les fourmis se chargeront de leur faire une guerre à mort, et sous peu vous en serez débarrassé.

Le massacre accompli, remettez votre fourmi-lière dans un sac, et emportez-la.

Destruction des Limaces

Procurez-vous de la chaux que vous mettez dans un endroit sec pour la faire réduire en poussière.

Quand les blés sont faits, semez votre chaux le long des sainfoins, trèfles, luzernes et jachè-res, vers le soir, par un temps doux, ou lorsque la rosée est tombée ; vous surprendrez ainsi les li-maces qui sont sorties des haies, et le lendemain vous serez tout surpris de voir toutes ces pau-vres bêtes joncher le sol de leurs noirs cada-vres.

Tous les agriculteurs savent que par les an-nées pluvieuses les limaces sont tellement abon-dantes qu'elles salissent les regains que les ani-maux ne veulent pas manger. Semez de la chaux tout le long des haies autour de votre pré, c'est un moyen infaillible et peu coûteux pour vous débarrasser de ces bêtes malfaisantes.

Cuscute — Moyen de s'en défaire

Tous les agriculteurs connaissent la cuscute pour les ravages qu'elle fait dans leurs luzernes et leurs trèfles et bien peu essayent de la faire disparaître. Le fait est que cette plante parasite n'est pas facile à détruire entièrement.

Voici un premier moyen que j'ai imaginé et je m'en suis bien trouvé : j'ai mélangé des cendres de lessive, de la suie et de la terre de cour, et j'en ai couvert les endroits infestés après les avoir préalablement arrosés de pétrole.

En voici un second : Faites brûler de là paille sur l'endroit infesté ; piochez la terre, puis arrosez avec une solution de vitriol vert dans de l'eau, dans la proportion d'une livre par dix litres d'eau.

Voici le troisième : plantez un pieu au milieu de l'endroit infesté, attachez-y un mouton ou deux, et laissez-les y deux ou trois jours. Au bout de ce temps, ces animaux auront si bien rongé autour d'eux que la place sera parfaitement nettoyée.

De la culture des pommes de terre, carottes, betteraves, chanvre et lin.

Toutes ces plantes se cultivent de la même manière.

Aussitôt que votre récolte est rentrée, labourez, hersez et roulez votre terre.

Aux mois de novembre et de décembre, donnez-lui une seconde façon, c'est-à-dire qu'il faut non-seulement labourer mais herser et rouler comme la première fois,

Au mois de mars donnez une troisième façon, ameublissez votre terre, hersez et roulez encore, ét ne croyez pas avoir trop fait ; votre terre ainsi travaillée conservera sa fraîcheur toute l'année et vous aurez de magnifiques légumes.

Fumez votre terre quinze jours avant de planter les pommes de terre, épanchez le fumier pour que les sucs pénètrent dans la terre et que les gaz s'évaporent.

Si vous les faites à la charrue, plantez toutes les trois raies et peu profond. Donnez un léger coup d'herse et roulez.

Aussitôt qu'elles seront sorties de terre, vous les butterez avec une charrue à deux oreilles.

N'oubliez pas que plus vos terres sont façonnées plus elles sont fraîches ; à la moindre petite pluie le sol ainsi préparé n'en perdra pas une goutte, et dans les sécheresses rien que la rosée de la nuit suffira pour le rafraîchir.

Semez dans le temps voulu vos graines de carotte, betterave, chanvre et lin.

Vous aurez certainement de magnifiques récoltes.

Aujourd'hui on ne fait presque plus de chanvre ni de lin. Les graines de chanvre et de lin sont trop nécessaires aux éleveurs pour qu'ils n'en fassent plus. J'ose espérer qu'après avoir lu mon livre, ils s'empresseront de cultiver ces deux plantes, quand ce ne serait que pour avoir toujours de leurs graines sous la main.

VIGNE

Préparation du sol pour planter de la vigne

Labourez votre terre assez profondément. Avec de fortes pioches, arrachez les pierres, s'il y en a : hersez, fumez comme il faut, donnez à la terre un second coup de charrue assez profond, fumez de nouveau et labourez légèrement et seulement pour cacher le fumier.

Si c'est une terre qu'on ne puisse labourer, défoncez-la avec la pioche à une profondeur de quarante à cinquante centimètres.

Cette opération achevée, façonnez comme il est dit précédemment.

L'année suivante, votre terre étant bien ameublie, plantez de préférence au mois de novembre et de décembre, vous réussirez bien mieux qu'au mois d'avril, époque à laquelle on les plante habituellement ; si vous faites comme je dis, vos plantations ne pourront jamais être saisies par la sécheresse qui peut les empêcher de prendre racine si vous plantez au printemps.

Des façons à donner à la vigne

On donne trois façons à la vigne.

La première se donne aussitôt que les vendanges sont faites ; fouillez la terre assez profondément soit à la pioche soit à la charrue, il le faut absolument pour que la terre tienne bien sa fraîcheur toute l'année.

Vous donnez la deuxième au mois de mai.

Et la troisième en juillet et août. Contentez-vous alors de gratter légèrement le sol pour couper les mauvaises herbes.

Ne façonnez jamais par la grande sécheresse, vous tueriez complètement votre vigne.

De la Taille

On la taille en février et en mars.

Si vous voulez conserver le pinet que les vignerons connaissent tous pour sa qualité, laissez, après chaque pied, une branche que vous couperez seulement l'année suivante.

Cultivez ainsi de façon à avoir tous les ans une pousse de deux années que vous soignerez et qui vous donnera de beaux raisins.

N'attendez jamais, sous prétexte de la retarder, que votre vigne soit en sève pour la tailler; vous lui enlèveriez toute sa force.

Les conseils que je donne ici sont le résultat d'une expérience de longues années de travail.

Aussitôt que la vigne commence à bourgeonner, ôtez à la main toutes les petites tiges qui pourraient se trouver sur le pied et n'en laissez qu'une ou deux à la taille.

N'oubliez pas que vous tuez votre vigne en lui laissant trop de fruit.

Suivez ces conseils, donnez de bonnes façons

à temps et soyez sûrs que vos vignes ne seront point malades.

Savez-vous pourquoi cette plante dépérit partout ? je vais vous le dire.

A propos du phylloxéra, j'ai fait deux fois le voyage de Montpellier, en 1875 et 1879. J'ai visité les vignes d'Orléans, Montmorin, Saint-Jean-le-Blanc, j'ai vu partout des vignes mal cultivées, surchargées de bois et de fruits.

Qu'arrive-t-il ? La terre mal façonnée manque forcément de fraîcheur et ne peut pas nourrir tant de bois et de fruit ; naturellement la plante devient malade, dépérit à vue d'œil et meurt.

Soignez vos vignes comme j'ai dit ; ameublissez la terre, donnez-lui de la fraîcheur avec de bonnes façons et ne craignez pas le phylloxéra. Si votre terre est bien soignée, votre vigne se portera bien. Dans les pays phylloxérés la vigne meurt parce que la terre est morte, si je puis m'exprimer ainsi.

Aux mois de juin et de juillet, attachez votre vigne aux échalas et ayez soin de couper toutes les tiges à la hauteur des pieux.

A cette époque, il n'est plus temps débourgeonner comme on le fait généralement ; cette opération doit se faire au commencement de la pousse.

Rajeunissement de la Vigne

Si vous avez de mauvais ceps qui ne rapportent rien, greffez-les au mois de février avec de bon plant.

Pour ce faire, découvrez le pied assez bas dans la terre. La greffe se pratique comme pour tout autre arbre ; liez avec du coton ou de la laine, fumez, dans deux ans vous aurez de beaux raisins.

Un vigneron peut en faire un cent par jour.

Moyen d'enlever aux fûts leur mauvais goût

Il y a plusieurs manières d'enlever aux fûts leur mauvais goût.

Le meilleur, je crois, consiste à faire bouillir du genièvre dans de l'eau.

Votre bouillon bien cuit, mettez-le dans votre fût, bondez et remuez de temps en temps.

Au bout de deux jours, recommencez la même opération, passez votre fût à l'eau claire, il n'aura plus de mauvais goût.

On peut encore employer l'acide, la chaux vive ; mais ce n'est point aussi sûr que le genièvre, lequel a encore l'avantage de ne rien coûter. Les acides brûlent le bois et donnent souvent mauvais goût au vin.

MALADIES DE L'HOMME

Forçure des Reins. — Sa guérison

Il arrive très souvent qu'on attrape une forçure des reins parce qu'on a porté un fardeau trop lourd.

Il n'y a pas encore très longtemps une de mes voisines se fît mal aux reins en ôtant de dessus son poële une chaudière trop lourde, la pauvre femme était si malade qu'elle ne pouvait ni marcher ni se coucher.

Le mari fort embarrassé vint me trouver. Je lui fis mettre sur les reins des compresses de vinaigre bien chaud maintenues avec une serviette, et le lendemain elle était complètement guérie.

Le vinaigre bien chaud est un remède infaillible contre les maux de reins.

Hémorrhoïdes. — Guérison

Salez du vinaigre que vous faites chauffer, frottez-en la partie malade.

Quand la graine de sureau est mûre, mettez-en bouillir dans de l'eau, vous tirez au clair et conservez ce liquide dans une bouteille pour vous en servir en lotion sur la partie malade après l'avoir frottée de vinaigre.

Ce remède est infaillible.

MALADIES DES ANIMAUX

RACE BOVINE

La race bovine est sujette à bien des sortes de maladies.

Les plus graves sont la cocotte, le charbon, l'ampoule à la langue, l'ampoule des reins, maladies charbonneuses dont on ne guérit pas souvent.

Cocotte. — Son remède

Lorsque le bœuf ou la vache sont atteints par la cocotte, leurs pieds enflent et ils boîtent.

Donnez des coups de flamme sur le dessus du sabot au rebours du poil ; ne craignez pas de faire de nombreuses piqûres que vous ferez bien saigner. Mélangez de bon vinaigre avec un peu de vitriol, trempez dans ce liquide des bandes de toile dont vous enveloppez les jambes malades, liez avec des cordes. Au bout de quatre à cinq jours enlevez votre appareil ; l'animal est radicalement guéri.

La cocotte est un dépôt de sang qui tombe sur les jambes de l'animal. Arrêtez le mal à temps si vous pouvez, car il très contagieux et peut atteindre toutes vos bêtes.

Qu'arrive-t-il en effet le plus souvent ? L'animal n'étant pas soigné, le sang se corrompt et forme un abcès qui perce entre les ergots ; le pus qui en sort empoisonne vos écuries et toutes vos bêtes sont bientôt atteintes.

Quelquefois cela les prend à la langue. Dans ce cas, faites bouillir des feuilles de ronces avec un peu de miel. Vous leur ferez prendre cette boisson avec mon injecteur, et elles seront bientôt guéries.

Charbon

C'est après de longues et infructueuses recherches que j'ai enfin découvert le remède que je vais indiquer et qui m'a toujours réussi.

J'ai guéri, en l'employant, de nombreux animaux, notamment un bœuf et une vache, les 27 novembre et 4 décembre 1886. Je puis donc le donner comme absolument sûr.

L'animal atteint du charbon devient triste ; il a le ventre dur, les naseaux secs, il mange peu, regarde souvent derrière lui, se couche et se relève sans cesse.

Si vous ne lui voyez pas d'enflure il est encore temps de le guérir ; faites-lui prendre de suite un litre de bon vinaigre avec une poignée de sel.

Au bout d'une demi-heure faites-lui avaler un litre d'huile de chènevis. Si vous n'avez pas d'huile écrasez avec une bouteille trois verres de graines de chènevis que vous attachez dans un linge, faites bouillir dans deux litres d'eau.

Après dix minutes d'ébullition retirez, laissez refroidir un peu, pressez le chènevis avec vos mains, il rendra une eau laiteuse ; laissez refroidir suffisamment et administrez le chènevis avec l'eau à votre bête.

Si le charbon n'est pas carbonisé votre bête sera guérie.

L'ampoule des reins

L'ampoule des reins est aussi une maladie charbonneuse.

La bête atteinte de ce mal gonfle, ne mange pas.

Prenez un bois bien lisse, long de 0^m50^c ; enveloppez un des bouts avec un linge, trempez-le dans de l'huile et enfoncez-le de toute sa longueur dans l'anus de l'animal.

Recommencez plusieurs fois la même opération; vous produirez par ce moyen une hémorrhagie absolument nécessaire.

Faites prendre à votre bête un litre d'huile de chènevis ou du chènevis préparé comme je l'ai dit plus haut, votre bête sera bientôt guérie.

L'ampoule de la langue

L'ampoule de la langue commence par un petit bouton jaune. Percez-le, lavez avec du vinaigre et mettez un peu de cendre dans la bouche de la bête pour la faire baver et rendre sa salive. La guérison ne se fera pas attendre.

Maladies des voies génito-urinaires

Pissement de sang

La race bovine est très sujette au pissement de sang, surtout au printemps quand les animaux vont dans les bois et qu'ils mangent du brou de chêne ou de chèvrefeuille.

Cette maladie est très dangereuse. Soignez de suite les bêtes atteintes si vous ne voulez pas les voir promptement périr.

Le remède est du reste bien facile et réussit toujours.

Faites bouillir une bonne quantité de racines de guimauve dans dix litres d'eau, tirez au clair, mettez une livre de miel, mélangez. Faites prendre de cette boisson deux litres chaque fois ; recommencez de deux heures en deux heures.

Votre bête sera bientôt guérie.

J'ai traité avec ce remède plus de deux cents bêtes et je les ai toutes sauvées.

La guimauve doit se trouver dans tous les jardins, c'est une plante trop utile.

Gonflement par le trèfle

Remède plus efficace que l'alcali

Mettez dans deux litres d'eau fraîche une bonne poignée de cendres tièdes (car celles qu'on prend dans un foyer chaud sont plus vives que les froides) ; mélangez et faites prendre à votre bête, je réponds de la guérison instantanée.

Ce remède m'a toujours réussi, notamment le 24 décembre 1885 à la foire de Donzy.

Une vache s'étant trouvée gonfle d'avoir mangé des vesces, le propriétaire courut chercher le vétérinaire qui ne put rien faire pour guérir la pauvre bête. Elle allait certainement périr quand je rencontrai le propriétaire bien désolé ; je me hâtai d'accourir, il n'était que temps. Pendant que chacun donnait son avis je lui administrai mon remède, et une demi-heure après, au grand étonnement de la foule qui me prit pour un sorcier, elle était guérie.

Je rendis le même service, le 23 avril 1886, à la

foire de Varzy, et le 21 septembre de la même
année à la foire de Champlemy.

Indigestion — Retranchement d'urine

Pour une indigestion, écrasez 4 à 5 verres de
chènevis que vous faites bouillir dans 5 litres
d'eau, comme j'ai dit plus haut. Faites avaler le
bouillon à votre bête et mettez-la à la diète. Au
bout de deux jours elle sera guérie.

Quand un animal est malade d'indigestion, il
y a presque toujours retranchement d'urine.

Faites bouillir du *réveil-matin* dans deux litres
d'eau. Faites prendre cette tisane en deux fois en
la mélangeant chaque fois avec un litre de vin
blanc.

Si après cela l'animal n'urine pas, faites-le
abattre de suite parce que vous le perdriez.

Tous les gens de la campagne connaissent le
réveil-matin. C'est une plante qui pousse dans
les bois et un peu partout; sa fleur est jaune, et
si vous en cassez la tige il en sort une liqueur
laiteuse.

Moyen énergique de forcer les vaches

à retenir les bœufs

Faites une bonne tisane avec des racines de
« bardane », c'est la plante que nous appelons
copeaux dans les campagnes. Donnez-en à votre

vache quatre à cinq litres par jour au moment où vous vous apercevrez qu'elle va reprendre les bœufs ; vous êtes à peu près sûr qu'elle les gardera.

Soins à donner à la vache qui est prête à faire veau

Il arrive encore souvent que nos vaches font des veaux morts. Je suis convaincu que c'est presque toujours faute de précautions.

On doit prendre bonne note du jour où la vache prend les bœufs.

Huit à dix jours avant son terme, soignez-la à l'eau blanche et ne la faites pas trop manger dans la crainte de gêner le veau ; presque tous les avortements viennent de ce que les vaches, ayant trop mangé ou trop bu, ont étouffé leur veau, surtout dans les fermes et les grandes exploitations où les domestiques font trop souvent le contraire de ce que vous leur avez commandé.

Moyen de faire faire son lit à la vache
qui vient de mettre bas

Faites bouillir un demi-litre de graine de lin dans deux litres d'eau que vous lui ferez prendre, elle sera promptement délivrée.

Veaux de lait
Diarrhée — Sa prompte guérison

Les veaux de lait sont presque tous sujets à

la diarrhée et beaucoup en périssent faute d'employer un remède efficace.

Faites bouillir du chènevis, un verre par litre d'eau ainsi qu'il est dit dans le cours de cet ouvrage à l'article qui traite du charbon.

Faites prendre à plusieurs reprises de cette tisane à votre bête.

Au bout de deux ou trois jours votre veau sera guéri.

RACE CHEVALINE

Gourme — Son remède

La gourme se traite comme la diarrhée des veaux.

Faites bouillir du chènevis écrasé, un verre par litre d'eau ainsi qu'il est dit plus haut.

Faites prendre cette tisane pendant trois ou quatre jours et votre cheval sera bientôt guéri.

Voulez-vous éviter pour vous-même une fluxion de poitrine ou une pleurésie lorsque vous êtes enrhumé ? Prenez de cette tisane un verre ou deux en vous couchant ; le lendemain prenez-en encore deux verres à jeun, vous serez guéri sur-le-champ.

C'est un remède que j'ai expérimenté par moi-même bien souvent et dont je me suis toujours bien trouvé ; bon nombre de personnes m'ont remercié de le leur avoir indiqué.

INJECTEUR

On est quelquefois bien embarrassé pour administrer des tisanes aux animaux.

Il est impossible de se servir d'une bouteille de verre, parce que l'animal la briserait certainement avec ses dents et se blesserait à la bouche.

Il est facile de vous en procurer une en bois, comme j'ai fait moi-même. Donnez la forme d'une bouteille à un morceau de bois dur (buis si c'est possible), faites-le creuser par le fond et percer entièrement.

Si l'ouvrier est un artiste, il vous fera un bouchon de bois qui se vissera au gros bout et qui fermera hermétiquement.

Voilà mon injecteur tout fait.

Avec un entonnoir, versez votre tisane par le goulot. Si l'animal fait le difficile, passez lui une corde dans la bouche, avec une fourche vous relevez la mâchoire supérieure et vous le forcerez à bailler en lui mettant un morceau de bois entre les dents.

Couronnement — Remède

L'année dernière j'ai fait couronner un cheval, les plaies étaient affreuses, la mœlle sortait.

Trois vétérinaires me disaient : « Votre cheval est perdu, il faut qu'il soit à l'eau quatre heures par jour si vous ne voulez pas que les jambes deviennent aussi grosses que des sacs de blé. »

Voici le remède que je fis et j'ai parfaitement guéri mon cheval :

Je mélangeai de l'huile avec un blanc d'œuf, j'appliquai cet onguent sur les plaies avec un linge, puis ayant mis une poignée de sel dans un litre de bon vinaigre, je trempai dans ce liquide des bandes de toile de deux mètres de long et j'en enveloppai chaque jambe en la serrant fortement.

J'attachai le cheval au râtelier pour l'empêcher de défaire les bandes avec ses dents.

Au bout de deux jours, j'enlevai tout l'appareil, je trempai de nouveau les bandes dans du vinaigre salé et reliai fortement les jambes, je le laissai ainsi quatre jours attaché au râtelier. Après cela je fis avec une spatule de bois un onguent avec **de** l'excrément humain et de l'urine, je l'empâtai avec cet onguent deux fois par jour. Au bout d'un mois il était guéri.

Gros jarrets — Guérison

Si votre cheval a un gros jarret, ne faites pas mettre le feu qui sera toujours visible.

Donnez de nombreux coups de flamme de chaque côté du jarret sur une longueur de 12 à 15 centimètres au moins, de façon que le sang sorte par tous les trous.

Quand le sang a cessé de couler, lavez à l'eau tiède et enveloppez en serrant fortement avec des bandes de toile trempées dans du vinaigre salé.

Renouvelez votre appareil si c'est nécessaire, le mal disparaîtra.

J'ai employé comme tout le monde le feu français ; les vétérinaires me prenaient 20 francs par jarret.

C'était payer bien cher de fort mauvais ouvrage.

Aujourd'hui je traite moi-même mes bêtes, ainsi que je viens de le dire, je les guéris et cela ne me coûte rien.

Coups, Chutes et Blessures

Donnez des coups de flamme sur l'endroit meurtri, que la plaie saigne beaucoup si c'est possible ; vous appliquerez ensuite des compresses de vinaigre salé. Le mal disparaîtra promptement.

Coliques — Tranchées

Pour guérir des coliques, tranchées, faites

prendre à la bête malade un demi-litre d'eau-de-vie mélangé avec un demi-litre d'huile de chènevis ou du chènevis préparé comme j'ai dit plus haut.

Blessures produites par le collier

Mélangez de la suie avec de l'eau-de-vie et un blanc d'œuf, et mettez de cet onguent sur les plaies.

Retranchement d'urine

Faites bouillir ensemble betteraves, poireaux, carottes ; faites prendre de cette boisson pendant un jour ou deux, votre bête urinera.

Pour faire remplir une jument

Procurez-vous des racines de « bardane », c'est la plante appelée vulgairement *copeau* dans les campagnes. Faites bouillir ces racines dans de l'eau et administrez cette tisane à votre bête pendant plusieurs jours avant de la conduire aux étalons.

Vous réussirez certainement,

Poulains. — Gros Nombril

Vous le ferez facilement passer avec un bandage.

A cet effet, je me sers d'une planche percée de trous aux quatre coins.

La planche étant appliquée sur le mal, fixez-la solidement avec des cordes.

Dans peu de jours l'animal sera guéri.

Gale — Remède

Quand un cheval est atteint de la gale, prenez un demi-litre d'essence de térébenthine, un demi-litre d'huile de lin, 20 centimes de fleur de soufre, faites un mélange, laissez-le 10 à 12 heures dans un vase hermétiquement fermé par crainte d'évaporation.

Par une belle journée, nettoyez votre cheval, frictionnez-le comme il le faut, recommencez le lendemain et l'animal sera bientôt guéri ; la peau redevient aussi douce qu'elle était dure auparavant.

Grappe

Pour guérir de la grappe, je ne connais pas de meilleur remède que celui-ci :

Il y a dans toutes les campagnes un fruit connu sous le nom de « bonnet carré ».

Procurez-vous le bois qui produit ce fruit, prenez la seconde écorce que vous faites bouillir dans de la saumure prise dans votre saloir. Trempez dans le bouillon des bandes de toile et enveloppez avec l'écorce les jambes de votre cheval, fixez votre appareil avec des bandes sèches pour entretenir l'humidité, et attachez votre bête au râtelier pour qu'elle ne soit pas tentée de tout enlever avec ses dents ; recommencez tous les deux jours pendant une huitaine, le mal disparaîtra.

Avortement

Il arrive souvent que les juments pleines avortent aux mois d'octobre, novembre et décembre.

Savez-vous pourquoi ?

C'est encore faute de soins. Vos juments sont à peine dételées que vous les mettez au pré ; naturellement elles prennent froid à cette époque de l'année et elles vous font des poulains morts. Vous avez voulu épargner un peu de foin, vous le payez cher. Ayez toujours soin de faire rafraîchir vos juments à l'écurie avant de les mettre au pré, elles n'attrapperont aucun mal.

Les eaux trop froides sont encore très pernicieuses pour les juments pleines.

Combien d'indigestions et d'avortements pro-
duits par les eaux de rivières ou de mares. Donnez à.vos juments des eaux de puits, il est si
facile de les faire boire dans des auges placées
dans vos cours.

ESPÈCE OVINE

Farcin — Son Remède

Pour guérir du farcin, faites fondre 100 gram-
mes de vitriol dans de l'eau, mélangez dans un
litre de vinaigre. Il y en aura assez pour 10
moutons. Tondez-les, et, par un beau soleil, frottez-les comme il faut.

Le lendemain, frottez-les de nouveau, avec un
mélange fait de un demi-litre d'huile de lin, un
demi-litre d'essence de térébenthine et 10 centimes de fleur de soufre.

Après deux ou trois frictions le farcin sera
guéri.

Gale — Remède

Pour guérir vos moutons de la gale, prenez

un litre d'huile de lin, un litre d'essence de térébenthine et 20 centimes de fleur de soufre, mélangez et mettez dans un vase bien bouché pour que le liquide ne s'évapore pas ; frottez vos bêtes qui seront bientôt guéries.

Piétin

Le piétin chez les moutons n'est autre chose que la cocotte chez la bête à corne.

C'est un dépôt de sang qui leur tombe sur les jambes. Saignez votre mouton aux quatre pieds sur le dessus des ergots ; ne craignez pas, plus il saignera et mieux cela vaudra. Trempez des bandes de toile dans une solution de vitriol bleu et de vinaigre, enveloppez les pieds de vos bêtes, couvrez d'une bande sèche pour maintenir la fraîcheur ; fixez avec une ficelle. Enlevez tout au bout de quatre à cinq jours, vos moutons seront guéris.

Manière d'engraisser presque sans frais les moutons

Servez vous de ma chaîne (voir *Garde des Bestiaux,* page 63).

Avec ce procédé, vous pourrez les mettre coucher dehors, quel que soit le pâturage.

Au bout d'un mois, avec quelques précautions, vos moutons seront très gras.

Pour que le froid ne les saisisse pas, le premier jour rentrez-les à dix heures du soir, le deuxième à minuit, le troisième à deux heures du matin, laissez-les le quatrième à moins d'un abaissement subit de la température, ils n'auront rien à craindre de la fraîcheur.

Rentrez-les pourtant s'il survient de grandes pluies, parce qu'alors ils prendraient certainement froid et deviendraient malades. Mais si le temps est beau et la température pas trop froide, essayez de ce procédé qui n'est pas bien coûteux, et vos moutons seront promptement gras et bons à vendre.

ESPÈCE PORCINE

Soins à donner à la truie qui va mettre bas

Quand une truie vous fait des cochons morts, c'est presque toujours faute de soins.

Prenez bonne note du jour où elle a pris le mâle, elle doit porter 120 jours.

Quinze jours avant son terme, nourrissez-la

légèrement avec de bonnes buvées à la farine, et soyez sûr que tout ira bien.

Quand elle vous fait des cochons morts, c'est presque toujours parce que, ayant trop mangé, elle étouffe ses petits.

DE LA CUISSON DES GRAINES OLÉAGINEUSES

J'ai construit des appareils pour la cuisson des graines oléagineuses et j'ai été breveté pour cette invention en 1865.

J'ai vendu beaucoup de ces appareils à Prémery, Saint-Saulge, Donzy, Lormes, Brinon, Clamecy et Marigny-l'Eglise.

Depuis, mon invention m'a été volée par un ferblantier qui en a fait construire à Montbart, où j'ai visité les ateliers, pas trop content que j'étais.

Il eût fallu plaider et je l'aurais peut-être fait si j'avais eu pour but de gagner de l'argent, mais comme je ne désirais qu'une chose, rendre service à l'agriculture, je ne m'en suis nullement préoccupé et chacun peut en faire fabriquer à sa guise.

ARBORICULTURE — OSERAIE

Mode d'établissement et culture

L'oseraie est d'un grand rapport dans le département du Nord où on en fait un grand commerce. Il y a nombre de départements qui en tirent un très beau profit.

L'oseraie se plante partout où l'on veut, tous les terrains lui sont bons, elle ne gêne rien, car elle ne fait pas d'ombrage, elle ne peut donc faire aucun mal.

On s'en sert de bien des manières, notamment pour faire des paniers, corbeilles, lier les balais, les gerbes, les fagots ; les tonneliers en emploient des quantités prodigieuses et les vanniers les payent très cher lorsqu'elles sont belles.

Pour les blanchir, coupez-les au moment où la sève commence à monter, elles se pèleront très facilement, et lorsqu'elles seront sèches elles seront d'une blancheur éclatante.

On donne trois façons à la plante. Aussitôt qu'elle est poussée de 7 à 8 centimètres, il faut l'ébourgeonner ; ôtez au moins le tiers ou le quart des tiges, selon la vigueur des pieds.

Quand vos tiges auront atteint 50 centimètres, ébourgeonnez chacune d'elles. Recommencez lorsqu'elles auront à peu près un mètre.

En opérant ainsi, vous aurez facilement des oseraies de deux mètres et parfaitement belles.

JARDINS

Si vous voulez que vos jardins produisent, donnez-leur une bonne façon au mois d'octobre au plus tard, afin que les mauvaises herbes aient pendant l'hiver tout le temps de pourrir.

.Vous bêcherez de nouveau au printemps, avant de faire vos semis, et vous aurez de beaux jardins.

Ce n'est pas ce qui se fait généralement.

On se contente de bêcher au moment de semer les graines.

Aussi qu'arrive-t-il ?

Les jardins ne poussent que de l'herbe et ne produisent rien.

PLANTATION DES ARBRES A FRUIT

Si le terrain où vous voulez planter des arbres n'est pas bon, commencez par faire une fosse de 1 mètre de profondeur sur 1^{m}50 de largeur, vous mettrez 50 centimètres de bonne terre avant de mettre votre arbre. A cette condition, il réussira bien, parce que ses racines se nourriront dans de la bonne terre.

Aujourd'hui on ne sait plus les planter.

Voyez en effet ce qui se passe. On fait un trou peu profond et sans se préoccuper de savoir si les racines de l'arbre seront dans de la terre convenable, on le plante. Aussi les trois quarts du temps il meurt, quand il ne végète pas des années sans pouvoir arriver à vivre.

Pour que l'arbre vive, il faut que ses racines puissent se nourrir, il faut donc le mettre dans de la bonne terre. C'est de toute nécessité.

Si vous faites des greffes, faites-les aussi près du sol que possible, le chancre ne les prendra jamais.

SEMOIR ÉCONOMIQUE

Mon semoir qui est d'une commodité remarquable n'est autre chose qu'un panier long de 0^m60 sur 0^m30 de largeur et de hauteur.

Je l'ai construit avec une planche de volige en sapin que j'ai percée de trous tout autour, j'ai planté de petites lattes de chêne dans les trous et je l'ai tressée avec de l'oseraie. On le suspend au cou avec une courroie.

Le premier vannier venu vous fera un semoir à la fois léger, commode et peu coûteux, ce qui n'est jamais à dédaigner.

N'allez pas vous imaginer que mon semoir n'est pas pratique ; essayez-en, je vous en prie, avant de le juger, et je suis convaincu que vous serez enchanté de ma trouvaille.

Précautions à prendre pour mettre les bestiaux à l'écurie

Commencez par nettoyer comme il faut vos écuries, lavez-les à grandes eaux. Tondez et savonnez vos bêtes, lavez-les encore une fois par semaine pour les garantir de la vermine.

Comment il faut les nourrir l'hiver

Avant tout il faut tenir chaudement vos bêtes. Commencez par leur donner un peu de foin pour les habituer à manger la paille que vous leur faites d'abord manger avec la balle.

Ce régime leur donne souvent des indigestions et il en périt bien encore quelquefois.

Donnez-leur à boire de l'eau de puits si vous voulez les guérir promptement.

Garde des bestiaux sans gardien

Voilà qui est trop fort ! Qu'on puisse garder des bestiaux sans gardiens, pas même un chien. C'est fort en effet ! Et c'est cependant on ne peut plus facile.

Voici comment j'ai résolu ce problème à force de chercher :

J'ai fait faire de bonnes têtières en peau pour mes chevaux, bœufs, vaches, ânes et moutons ; j'ai acheté des chaînes longues de 10 mètres et munies d'un ardillon à un des bouts et d'un anneau à l'autre ; j'ai fait faire des piquets en fer terminés par une bonne tête.

Quand je veux mettre mes bêtes dans un champ non clos je leur met une têtière, puis je passe le piquet de fer dans l'anneau et je l'enfonce dans la terre, là où je veux faire paître ma bête, qui peut ainsi tourner à sa fantaisie autour du piquet sans danger de s'empêtrer et de se faire du mal.

Il y a dix ans que je me sers de ce moyen, même pour des poulains, et jamais il ne m'est arrivé d'accident. Il va sans dire qu'on donne de la chaîne ce que l'on veut, en mettant le piquet dans n'importe quel anneau.

TABLE DES MATIÈRES

AGRICULTURE

<hr>

MALADIES DE L'HOMME

<hr>

MALADIES DES ANIMAUX

RACE BOVINE

RACE CHEVALINE